¿Foca o león marino?

Un libro de comparaciones y contrastes
por Cathleen McConnell

Las focas y los leones marinos son mamíferos. ¡Y nosotros también! Al igual que los humanos, estos tienen sangre caliente, pelo, y amamantan a sus bebés. Ambos pertenecen a un grupo de mamíferos marinos llamado pinnípedos. La palabra pinnípedo se refiere a las aletas, plumas o patas en forma de aletas. La palabra pluma se refiere a la forma en la que usan sus aletas como si fueran alas dentro del agua.

¡Todos tienen aletas! Sus aletas tienen el mismo conjunto de huesos que tenemos nosotros en manos y pies.

mamá y cachorro de foca de puerto

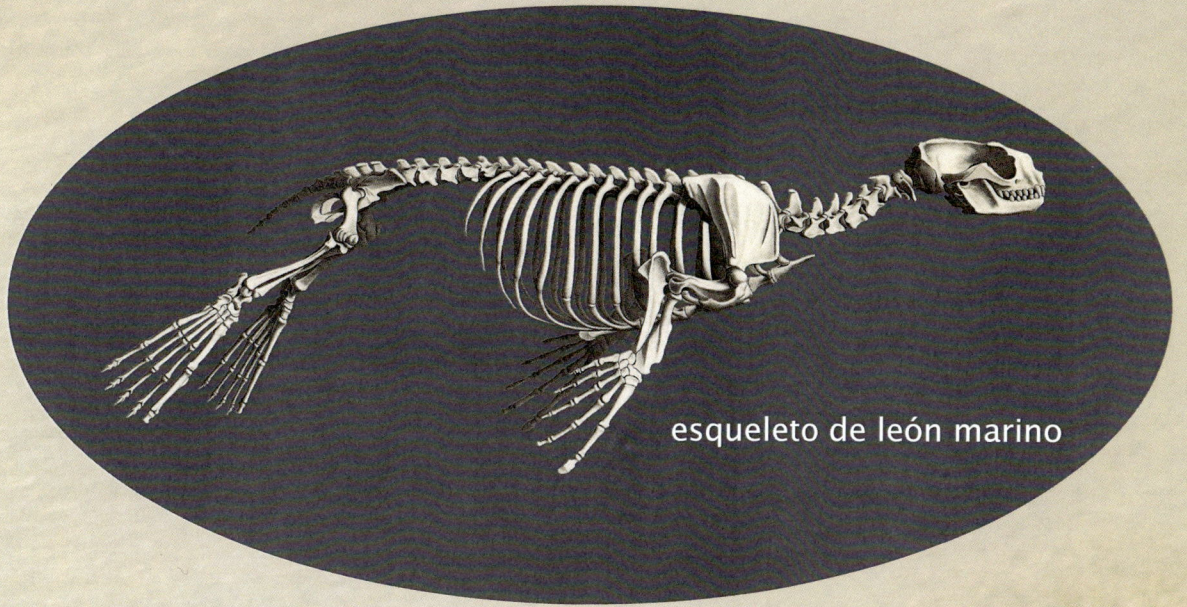

esqueleto de león marino

foca barbuda

oso marino ártico

Todos los pinnípedos (y muchos otros mamíferos marinos, tales como las ballenas) tienen una capa especial de grasa que les permite mantener el calor.

Algunos tienen una capa de grasa más extensa en comparación con otros.

foca de puerto

cachorro de elefante marino

elefante marino
macho adulto

¡Pueden abrir y cerrar sus fosas nasales!

Al igual que nosotros, los pinnípedos respiran oxígeno mediante sus pulmones. Cuando salen a la superficie o están sobre tierra utilizan músculos especiales para abrir sus fosas nasales y respirar.

Y a diferencia de nosotros, las fosas nasales de los pinnípedos se cierran cuando están relajados. Eso es muy importante cuando tienen que aguantar la respiración mientras nadan o cazan en el mar.

foca de Weddell

foca leopardo

león marino australiano

foca de puerto

foca gris

foca barbuda

Los bigotes son un tipo de pelo especial. ¡Tener bigotes es como tener dedos en tu rostro!

Algunas veces la mejor forma de encontrar una comida es cazando en la oscuridad. Los bigotes les permiten a las focas y leones marinos sentir a los peces deliciosos que están nadando cerca, o alertarles de que puede haber un depredador peligroso por la zona.

cachorro de león marino de las Galápagos

león marino de California

oso marino ártico

lobo marino

Tanto las focas como los leones marinos tienen orejas.

Las focas verdaderas no tienen "orejas visibles". No tienen una solapa que rodee la apertura de sus orejas.

foca ocelada

foca gris

foca barbuda

foca de Weddell

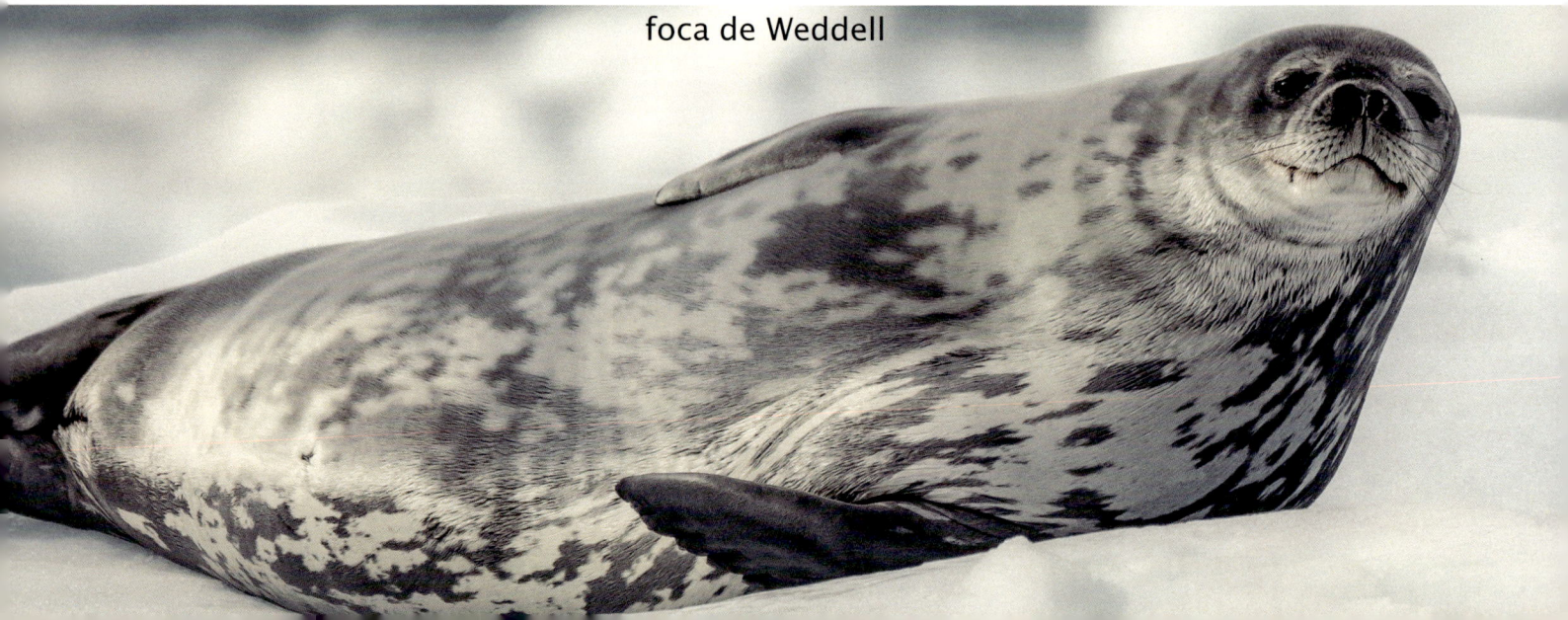

Los leones marinos y los lobos marinos son conocidos como "focas con orejas". Hay una solapa en la apertura de sus orejas.

¿A quién conoces que tenga una solapa alrededor de sus orejas?

lobo marino

león marino de Steller

león marino de las Galápagos

lobo marino sudamericano

león marino de California

foca monje del Mediterráneo

Una de las principales diferencias entre las focas y los leones marinos es la forma en la que usan sus aletas. Las focas verdaderas (sin orejas visibles) mueven sus aletas traseras hacia atrás y adelante para propulsarse a través del agua. Usan sus aletas frontales y rechonchas para orientarse.

leónes marinos de California

Los leones marinos y lobos marinos empujan sus aletas frontales hacia arriba y abajo con gracia y rapidez. Sus aletas traseras les ayudan a orientarse.

¡Pero moverse sobre tierra es otra historia! Las focas verdaderas usan sus aletas frontales para rebotar en sus alrededores. Mantienen sus aletas traseras detrás de sí mismas. Este movimiento se conoce como "*galumphing*".

Si han estado descansando sobre una roca, es muy probable que simplemente rueden hacia abajo y entren al agua.

elefante marino

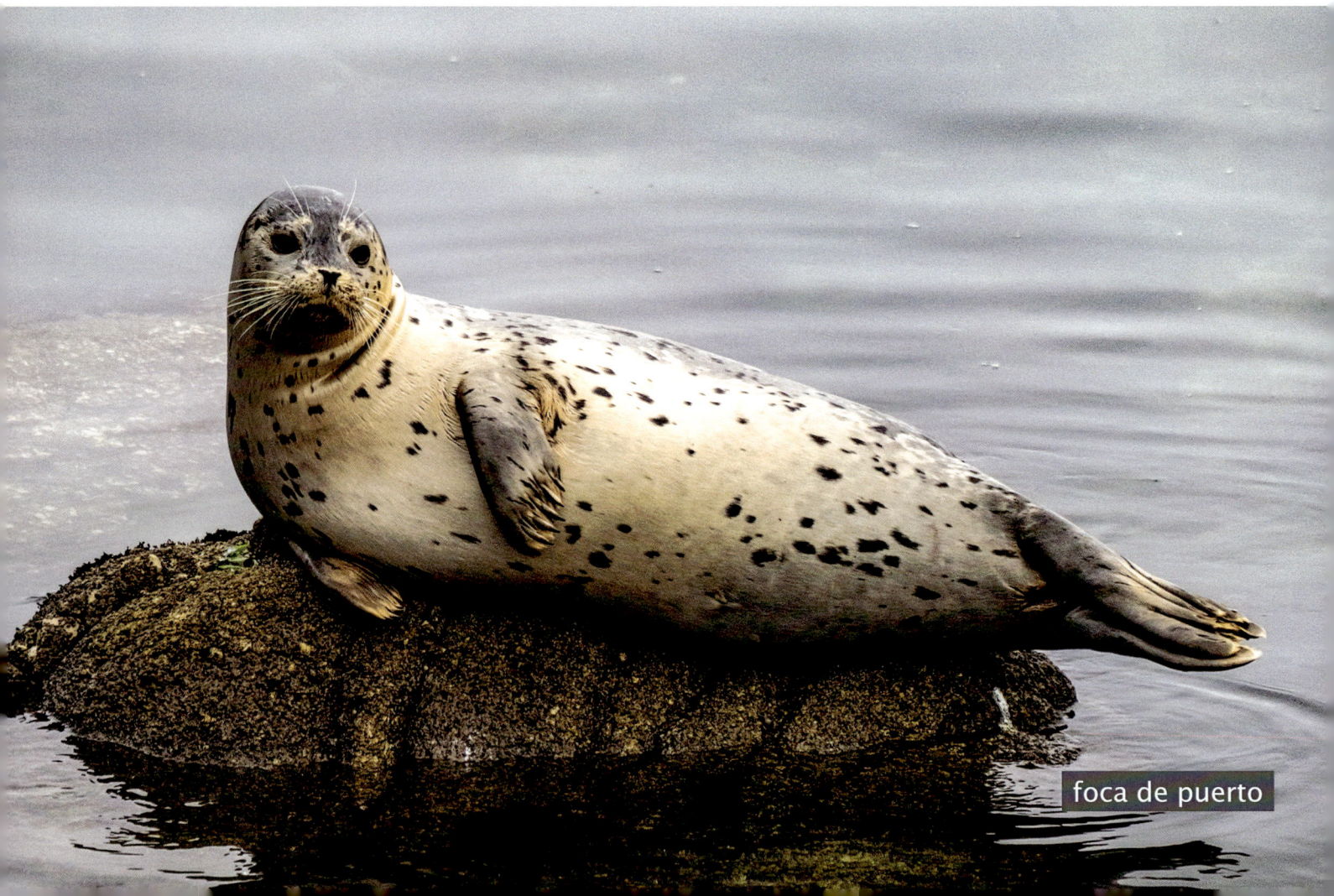

foca de puerto

Los leones marinos se paran sobre sus aletas frontales para arrastrarse con facilidad a lo largo de costas rocosas y playas.

Rotan sus aletas traseras hacia adelante, lo que les permite caminar rápidamente sobre cuatro patas.

Lobo marino sudamericano

león marino australiano

Las focas se comunican de cerca con gruñidos, resoplidos, siseos y estornudos.

mamá y cachorro de foca gris

focas de puerto

leónes marinos de California

Si escuchas un ladrido cuando estás cerca del océano, es muy probable que estés escuchando a un león marino. ¡Estos pueden ser muy ruidosos!

leónes marinos de Steller

Las focas y los leones marinos se reúnen sobre las costas para descansar y criar a sus pequeños.

Cuando llega la hora nadan dentro del océano para cazar.

focas grises del Atlántico

foca pías

A las focas les gusta un poco de espacio personal.

focas de puerto

leónes marinos de Steller

mamá y cachorro de
león marino australiano

A los leones marinos no les importa que sus amigos se apilen sobre ellos.

¡La playa no es el único lugar para descansar un rato!

leónes marinos
de California

cachorro de foca de Weddell

Es normal que una foca madre deje a su bebé descansando en la costa cuando sale a cazar.

En caso de que veas a una foca bebé sola, mantente al menos a 150 pies de distancia y no dejes que se le acerque ninguna mascota. La madre regresará cuando se sienta segura.

cachorro de foca de puerto

cachorro de elefante marino del sur

cachorro de foca ocelada

cachorro de foca gris

cachorro de foca pía

cachorro de foca de puerto

Las focas y los leones marinos son depredadores. Dependiendo de las especies, estas comen una variedad de presas, incluyendo peces, calamares y camarones.

Curiosamente, la foca cangrejera no come cangrejos. Estas comen kril antártico con sus dientes especiales.

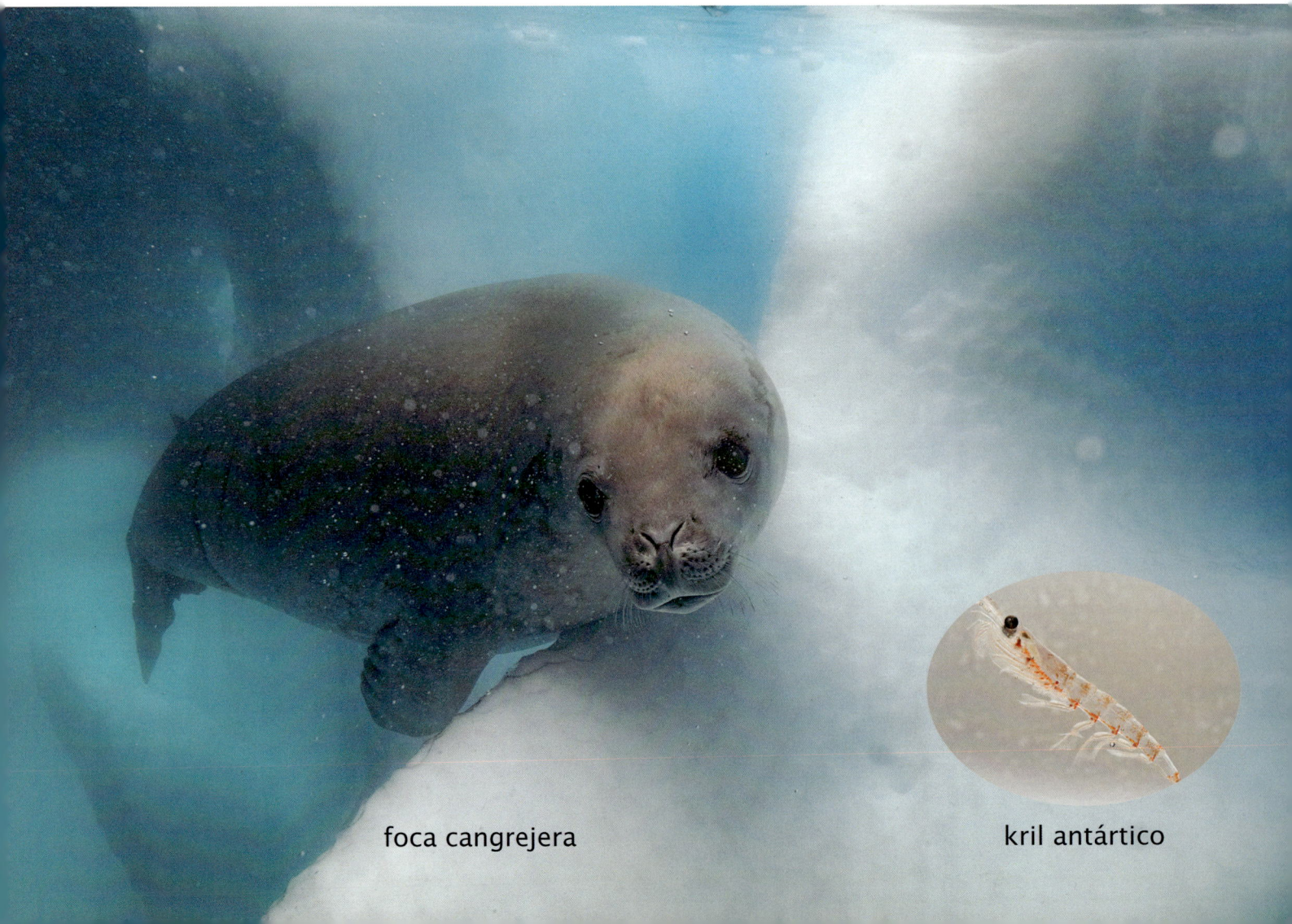

foca cangrejera

kril antártico

Pero también son la presa de depredadores más grandes, tales como los tiburones, orcas y osos polares.

Las focas que viven en los polos están perdiendo su hábitat conforme los océanos se calientan.

Las focas oceladas del Ártico hacen sus madrigueras sobre el hielo del océano. Allí dan a luz a sus cachorros y pueden esconderse de los osos polares, los cuales son sus depredadores principales.

mamá y cachorro de foca ocelada

Las focas y los leones marinos no solo se tienen que preocupar por sus depredadores. Los escombros flotantes, tales como redes de pesca antiguas y otros contaminantes de plástico, pueden herirlas o matarlas. Si se enredan necesitarán ayuda por parte de los humanos.

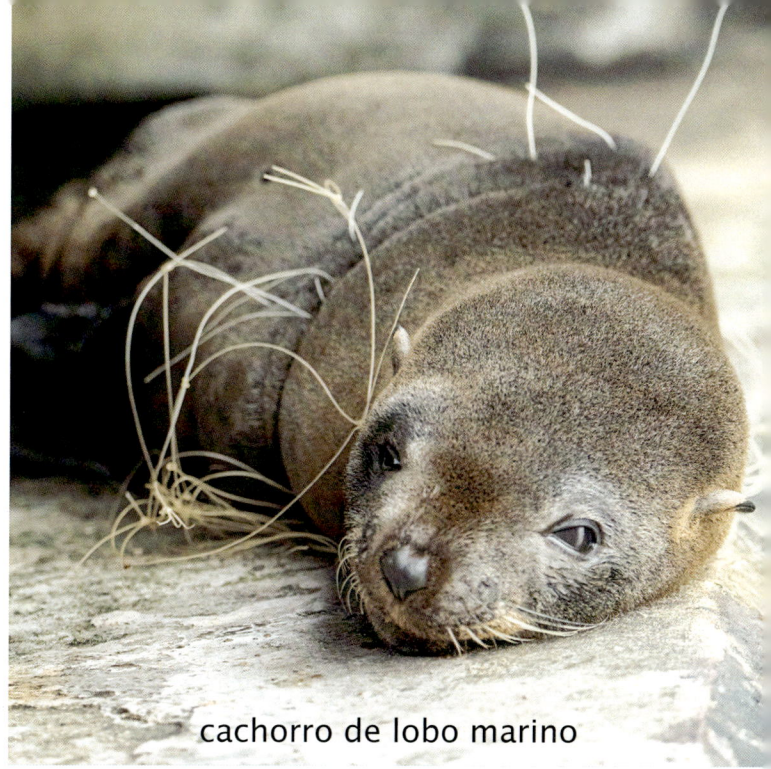

cachorro de lobo marino

foca gris atrapada en una red de pesca

¿Qué le sucede a una foca o león marino al lesionarse? En caso de que tengan suerte, alguien les verá y ayudará.

Hay grupos de personas especializadas alrededor del mundo que trabajan en conjunto para rescatar y rehabilitar mamíferos marinos que estén enfermos, lesionados, o huérfanos. La meta de estos rescatistas es liberar al animal de vuelta en la naturaleza.

al rescate

elevando

atrapada en una red de pesca

cortando red de pesca

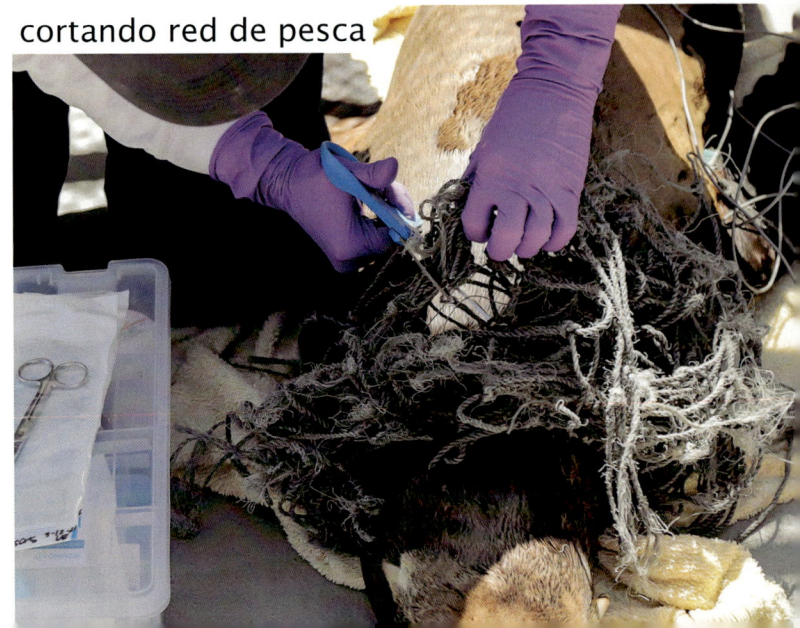

alimentación por sonda

momento de revisión

yendo a casa

corriendo hacia el océano

La mayoría de los animales se recuperan y regresan a casa. De vez en cuando alguno no podrá sobrevivir por su cuenta. Encontrarán un hogar en un zoológico o acuario en donde los visitantes podrás aprender sobre ellos.

Para las mentes creativas

Reflexionando

¿Puedes describir qué características tiene en común con tu rostro el león marino de la foto?

¿Hacia qué dirección miran tus fosas nasales? ¿Y qué hay de las fosas nasales de la foca? ¿Por qué crees que una foca es diferente a nosotros de esa forma?

Las focas y leones marinos tienen aletas que les ayudan a nadar a través del agua. ¿Alguna vez has usado aletas para ayudarte a nadar? Y en caso afirmativo, ¿te ayudaron?

¿Qué utilizarías para ver mejor bajo el agua?

¿Cómo evitarías que el agua entre en tu nariz cuando nadas?

¿Cómo respiras mientras nadas?

¿Cómo describirías la forma corporal de una foca o león marino?

¿Cómo su forma corporal les ayuda a vivir en el océano?

Cuando una foca gruñe o hace cualquier sonido hacia otra foca,

¿qué crees que está intentando comunicarle?

En el pasado las personas cazaban focas y leones marinos por su pelaje, lo cual es la causa de que algunas focas con orejas se les llame lobos marinos. Luego de cientos de años de caza algunas especies entraron en peligro de extinción. En 1972 el gobierno de los Estados Unidos aprobó la Ley de Protección de Mamíferos Marinos. Esta ley incluye regulaciones para proteger a los mamíferos marinos en contra de su caza, captura, daño o acoso.

¿Qué cosas puedes hacer para ayudar a las focas y leones marinos?

¿Qué tipo de profesión crees que necesitarías para ayudar a las personas a comprender que algunos animales necesitan protección especial?

Datos divertidos

¡Los elefantes marinos pueden aguantar la respiración durante dos horas y sumergirse a 5.000 pies o 1.500 metros!

¿Cuánto tiempo puedes aguantar tu respiración?

Los machos de foca de casco tienen una "capucha" roja en su nariz, la cual pueden soplar como un globo.

Cuando una foca duerme verticalmente en el agua se le conoce como "embotellado".

¿Por qué crees que este comportamiento es llamado de esa manera?

Las focas pías bebé tienen pelaje blanco durante una a tres semanas luego de mudarlo a gris plateado.

Sobre tierra las focas "sin orejas" lucen como si estuvieran haciendo una "pose de banana".

¿A qué te recuerda la forma de esta pose?

Sobre tierra los leones marinos generalmente usan la "pose de yoga".

Es positivo tener un buen estiramiento.

Una madre de lobo marino de Nueva Zelanda puede encontrar a su bebé en una playa abarrotada gracias a su "ladrido" y a su olor.

Las nerpas son las únicas focas que viven en agua dulce.

Estas se encuentran en el Lago Baikal, en Siberia (Rusia).

¿Con o sin orejas? Identificación

Con base en lo que has aprendido en este libro, comprueba si puedes identificar cuáles focas son "verdaderas" o "sin orejas", y cuáles son focas "con orejas", tales como un león marino o un lobo marino.

¿? barbuda

1

¿? de California

2

¿? gris

3

¿? de puerto

4

¿? pía

5

¿? de casco

6

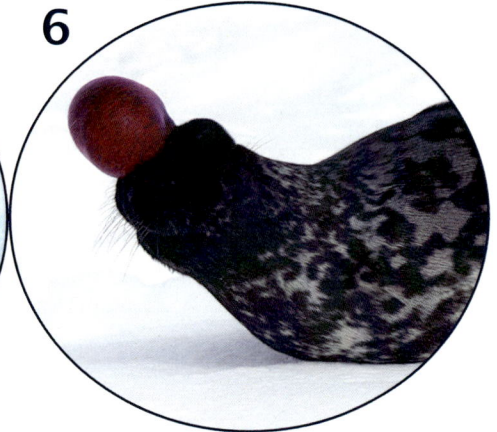

¿? manchada

7

¿? de Steller

8

¿? de Weddell

9

Respuestas: 1-foca sin orejas; 2-león marino con orejas; 3-foca sin orejas; 4-foca sin orejas; 5-foca sin orejas; 6-foca sin orejas; 7-foca sin orejas; 8-león marino con orejas; 9-foca sin orejas

Entrenamiento de refuerzo positivo

Las focas y leones marinos son muy inteligentes y aman aprender nuevas cosas. No solo se les entrena por diversión. Cuando viven en un zoológico o acuario necesitan poder abrir su boca para que les cepillen los dientes, así como quedarse quietas cuando el veterinario les examina.

¿Alguna vez has entrenado a un perro para que se siente o acueste? Entrenar a un animal para que se comporte de cierta manera es algo que requiere mucho tiempo y paciencia. Los humanos pueden usar palabras o señales con las manos para facilitar el entrenamiento de los animales.

Cuando se entrena a un perro puede que se le ofrezca un premio para reforzar su compartimiento positivo. Las focas y leones marinos también obtienen premios cuando hacen lo que se les pide. A esto se le llama refuerzo positivo.

¿Has recibido alguna vez un refuerzo positivo por buen comportamiento? ¿Qué recibiste y por qué?

¿Cuáles de las siguientes imágenes muestran entrenamientos de refuerzo positivo y cuáles confirman que el animal ha sido entrenado?

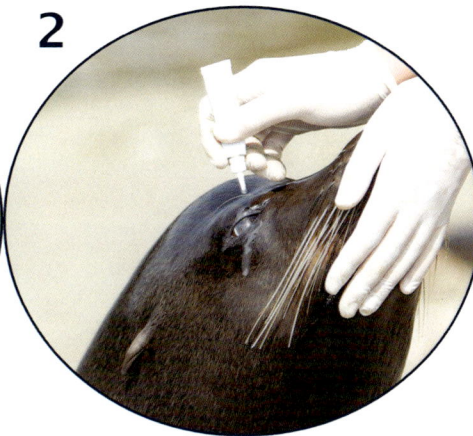

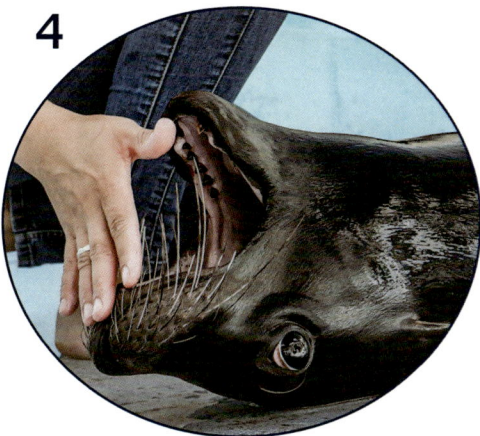

Respuestas: 1-Entrenamiento; 2-Por qué; 3-Entrenamiento; 4-Cualquiera de las dos; 5-Cualquiera de las dos; 6-Entrenamiento

Gracias al equipo de educación del *Marine Mammal Center* por comprobar la veracidad de la información presente en este libro.

Gracias a *The Marine Mammal Center* y a sus fotógrafos por el uso de sus fotos, las cuales muestran rescates de focas y leones marinos, rehabilitación y liberación.
· Chris Deimier: yendo a casa
· Bill Hunnewell: atrapada en una red de pesca, cortando red de pesca, alimentación por sonda
· Ingrid Overgard: momento de revisión
· Lesly Simms: elevando
· Brian Simuro: al rescate, corriendo hacia el océano

Todas las otras fotografías están licenciadas mediante Adobe Stock Photos.

Library of Congress Cataloging-in-Publication Data

Names: McConnell, Cathleen, 1966- author. | De la Torre, Alejandra, translator.
Title: ¿Foca o león marino? : un libro de comparaciones y contrastes / por Cathleen McConnell ; traducido por Alejandra de la Torre con Javier Camacho Miranda.
Other titles: Seal or sea lion? Spanish
Description: Mt. Pleasant, SC : Arbordale Publishing, [2024] | Series: Comparaciones y contrastes | Includes bibliographical references.
Identifiers: LCCN 2023058396 (print) | LCCN 2023058397 (ebook) | ISBN 9781638173120 (trade paperback) | ISBN 9781638170136 (ebook) | ISBN 9781638173182 (adobe pdf) | ISBN 9781638173212 (epub)
Subjects: LCSH: Seals (Animals)--Juvenile literature. | Sea lions--Juvenile literature.
Classification: LCC QL737.P63 M4318 2024 (print) | LCC QL737.P63 (ebook) | DDC 599.79--dc23/eng/20240110

Este libro también está disponible en inglés: Seal or Sea Lion? A Compare and Contrast Book
English Paperback: 9781643519944; Dual-language, read along: 9781638170136;
PDF: 9781638170327: ePub3: 9781638170518

Bibliografía:
Fisheries, NOAA. "Is It a Seal or a Sea Lion? | NOAA Fisheries." NOAA, 24 Mar. 2023, www.fisheries.noaa.gov/feature-story/it-seal-or-sea-lion.
Fisheries, NOAA. "Species Directory | NOAA Fisheries." Www.fisheries.noaa.gov, www.fisheries.noaa.gov/species-directory?oq=&field_species_categories_vocab=53&field_region_vocab=All&items_per_page=50.
"How Diving Mammals Stay Underwater for so Long." Adventure, 15 June 2013, www.nationalgeographic.com/adventure/article/130614-diving-mammal-myoglobin-oxygen-ocean-science.
OctoberCMS. "Pinnipeds | the Marine Mammal Center." Www.marinemammalcenter.org, www.marinemammalcenter.org/animal-care/learn-about-marine-mammals/pinnipeds.
"Sea Lion vs Seal: Main Differences | Ocean Info." Oceaninfo.com, 28 Oct. 2021, oceaninfo.com/compare/sea-lion-vs-seal/.
"Seals and Sea Lions, What Is the Difference? - Redwood National and State Parks (U.S. National Park Service)." Www.nps.gov, www.nps.gov/redw/learn/nature/true-seals-versus-fur-seals-and-sea-lions.htm.
S, Samantha. "How Long Can Seals Hold Their Breath?" Wildlife Informer, 10 Dec. 2020, wildlifeinformer.com/how-long-can-seals-hold-their-breath/.
US Department of Commerce, National Oceanic and Atmospheric Administration. "What's the Difference between Seals and Sea Lions?" Oceanservice.noaa.gov, oceanservice.noaa.gov/facts/seal-sealion.html.

Impreso en EE. UU.
Este producto se ajusta al CPSIA 2008

Arbordale Publishing
Mt. Pleasant, SC 29464
www.ArbordalePublishing.com